Fuzzy-Logik als Alternative zu konventionellen Lösungsansätzen

Qian Zhang

Bibliografische Information der Deutschen Nationalbibliothek:

Die Deutsche Nationalbibliothek verzeichnet diese Publikation in der Deutschen Nationalbibliografie; detaillierte bibliografische Daten sind im Internet über http://dnb.d-nb.de abrufbar.

ISBN: 9783346828750
Dieses Buch ist auch als E-Book erhältlich.

Druck und Bindung: Books on Demand GmbH, Norderstedt Germany
Gedruckt auf säurefreiem Papier aus verantwortungsvollen Quellen

Das vorliegende Werk wurde sorgfältig erarbeitet. Dennoch übernehmen Autoren und Verlag für die Richtigkeit von Angaben, Hinweisen, Links und Ratschlägen sowie eventuelle Druckfehler keine Haftung.

Das Buch bei GRIN: https://www.grin.com/document/1331636

Assignment

Fuzzy Controller

Modul:
Systemdesign
SYD81-AS

Meerbusch, den 28.01.2023

Inhaltsverzeichnis

1. Einleitung

1.1. Motivation

Die klassische Mathematik bzw. technische Systeme verwenden seit jeher die zweiwertige Boole'sche Logik, die die Eindeutigkeit der beiden Wahrheitswerte „wahr" oder „falsch" darstellt. Im digitalen Zeitalter bilden die beiden Zustände „wahr (1)" und „falsch (0)" sogar die Grundlage der modernen Computertechnologie.

Andererseits lassen sich jedoch viele technische Systeme in Wirklichkeit nur schwer genau beschreiben. Der Grund dafür ist, dass viele Bewertungen, die an der alltäglichen Kommunikation von normalen Menschen angelehnt werden, keine scharfen Grenzen haben. Ein Beispiel ist die Beschreibung der Außentemperatur: *kalt, kühl, angenehm, warm* und *heiß*. Jeder einzelne hat eine andere Vorstellung von *kalt, heiß & Co.* Die Werte solcher Bewertungen lassen sich nicht leicht eindeutig feststellen.

Auch Systeme, die mathematisch mit Formeln und Gesetzen wiedergegeben werden können, entsprechen oft nur unter vereinfachten Annahmen den tatsächlichen Verhältnissen. Außerdem steht der Aufwand zur Erlangung des mathematischen Modells in keinem Verhältnis zum erzielbaren Nutzen. Zudem täuscht das mathematische Modell eine Genauigkeit auf einige Dezimalstellen vor, die in Wirklichkeit weder vorhanden ist noch gebraucht wird. In all diesen Fällen liefert die Fuzzy-Theorie zwar nicht das theoretisch exakte Ergebnis, dafür jedoch schnell und einfach eine gute Lösung[1].

Bei der Fuzzy-Theorie kann die Lösung von Aufgaben anhand nicht ganz scharfer Informationen durchgeführt werden. Somit lässt sich sagen, dass die Fuzzy-Logik den Sinn von Worten, den Entscheidungsfindungsprozess und den Menschenverstand nachzubilden versucht. Es können dabei Beschreibungsformen in die Bearbeitungsprozesse miteinbezogen werden, die bei einer Betrachtung anhand klassischer Logik nicht möglich sind[2].

1.2. Ziel

Das Hauptziel dieser Arbeit besteht darin, Fuzzy-Logik als eine Alternative zu konventionellen Lösungsansätzen vorzustellen. Die grundsätzliche Vorgehensweise und der Lösungsablauf werden in dieser Arbeit hauptsächlich anhand des konkreten Anwendungsbeispiels eines Fuzzy-Controllers bzw. -Reglers einer Klimaanlage erläutert.

Ferner besteht ein Teilziel dieser Arbeit darin, die Vor- und Nachteile der Fuzzy-Regelung generell gegenüber regelbasierten Systemen ohne Fuzzy-Logik zu diskutieren und darzustellen.

---

[1] Vgl. Z. A. Styczynski, Einführung in Expertensysteme – Grundlagen, Anwendungen und Beispiele aus der elektrischen Energieversorgung, 2017, S. 90

[2] Vgl. Z. A. Styczynski, Einführung in Expertensysteme – Grundlagen, Anwendungen und Beispiele aus der elektrischen Energieversorgung, 2017, S. 93

1.3. Aufbau

Um die oben genannten Ziele zu erreichen, werden im ersten Kapitel die Grundlagen der Fuzzy-Logik vorgestellt, wozu die Fuzzy-Mengenlehre, die Zugehörigkeitsfunktion sowie ihre Operatoren gehören. Im nächsten Schritt werden die gängigsten Anwendungsbereiche der Fuzzy-Logik dargestellt. Daraus wird der häufigste Anwendungsfall, der des Fuzzy-Reglers, hervorgehoben.

Als Hauptteil dieser Arbeit dient die detaillierte Darstellung eines Fuzzy-Reglers einer Klimaanlage, die mithilfe einer Heizung und eines Ventilators die Raumtemperatur regulieren soll. Gut ersichtlich ist dabei die Vorgehensweise mit den drei Schritten Fuzzyfizierung, Inferenz und Defuzzyfizierung.

Im nächsten kleineren Kapitel werden die allgemeinen Vor- bzw. Nachteile der Fuzzy-Regelung erläutert.

Zum Schluss wird das Thema Fuzzy-Logik zusammengefasst und es findet eine kritische Reflexion statt.

2. Grundlagen

2.1. Fuzzy-Logik bzw. Fuzzy-Mengenlehre

Die ersten Veröffentlichungen zum Thema Fuzzy-Logik erschienen 1965 von Lofti Asker Zadeh in Berkeley, Kalifornien. Die Weiterentwicklung erfolgte dann in Europa und Japan. Heute ist die Fuzzy-Logik ein Teilbereich der Mathematik mit einer großen Anzahl an Publikationen[3]. Mit Fuzzy-Logik wird versucht, nicht exakten Begriffen gerecht zu werden. Dabei stellt sie andere Logikkalküle nicht in Frage, sondern bildet eine Verallgemeinerung, aus der sich z.B. die klassische Aussagenlogik als Sonderfall ableiten lässt[4].

Die Fuzzy-Logik ist aber keine Logik, die unscharf ist, sondern eine Logik, die eine Beschreibung von Unschärfe möglich macht. Es wird dabei die Idee verfolgt, dass sich diverse Klassen von Objekten durch eine Stufung charakterisieren lassen, wie z. B.:

- Temperatur -> niedrig, mittel, hoch, sehr hoch
- Spannung -> niedrig, mittel, hoch, am höchsten
- Entfernung -> sehr gering, gering, mittel, groß, sehr groß[5]

Die Idee der Fuzzy-Mengen besteht nun darin, dass die scharfe, zweiwertige Unterscheidung gewöhnlicher Mengen, bei denen ein Element entweder vollständig oder gar nicht dazugehört, aufgegeben wird. Stattdessen lässt man bei Fuzzy-Mengen

---

[3] Vgl. A. Nischwitz, Bildverarbeitung – Band II des Standardwerks Computergrafik und Bildverarbeitung, 4. Auflage, Springer Vieweg, 2020, S. 503

[4] Vgl. A. Nischwitz, Bildverarbeitung – Band II des Standardwerks Computergrafik und Bildverarbeitung, 4. Auflage, Springer Vieweg, 2020, S. 502

[5] Vgl. Z. A. Styczynski, Einführung in Expertensysteme – Grundlagen, Anwendungen und Beispiele aus der elektrischen Energieversorgung, Springer Vieweg, 2017, S. 89

graduelle Zugehörigkeitsgrade zu. Bei einer Fuzzy-Menge muss daher für jedes Element angegeben werden, zu welchem Grad es zur Fuzzy-Menge gehört[6].

Unscharfen Begriffen müssen somit Bereiche der jeweiligen Skala zugeordnet werden, und es muss angegeben werden, wie stark die Zugehörigkeit der möglichen Werte zu dem unscharfen Begriff ist. Diese Zugehörigkeit nimmt Werte zwischen *0* und *1* an, wobei festgelegt wird, dass *0* als „sicher nicht dazu gehörig" und *1* als „sicher dazu gehörig" verstanden wird[7]. Diese Tatsache kann durch folgende Formel beschrieben werden:

$$\mu_M(x) : X \rightarrow [0, 1]$$

Dabei stellt die Zugehörigkeitsfunktion $\mu_M(x)$ den Zugehörigkeitsgrad von Element x zur Teilmenge M dar und kann folgende Werte annehmen:

$$\mu_M(x) = \begin{cases} 1 & \leftrightarrow x\ geh\ddot{o}rt\ vollst\ddot{a}ndig\ zu\ M \\ 0 & \leftrightarrow x\ geh\ddot{o}rt\ gar\ nicht\ zu\ M \\ 0 < \mu_M(x) < 1 & \leftrightarrow x\ geh\ddot{o}rt\ teilweise\ zu\ M \end{cases}$$

Somit kann die Teilmenge M vollständig durch die Angabe der Paarwerte definiert werden, wie unten dargestellt:

$$M = \{(x, \mu_M(x)), x \in X\}$$

Die Ermittlung des Zugehörigkeitswertes einer Fuzzy-Menge bei einem gegebenen scharfen Eingangswert x nennt man Fuzzyfizierung. Umgekehrt lassen sich auch aus unscharfen Zugehörigkeitskurven im Rahmen der Defuzzyfizierung wieder scharfe Werte berechnen[8].

Der Fuzzy-Ansatz kommt aber dann erst richtig zum Tragen, wenn die so erhaltenen unscharfen Mengen im weiteren Verlauf der Verarbeitung mit anderen unscharfen Mengen verknüpft werden[9]. Die wichtigsten Mengenoperationen sind, wie unten gezeigt, **Vereinigung**, **Schnitt** und **Komplement**. Diese Verknüpfungen sind unabdingbar, um die Zusammenhänge zwischen diversen Mengen innerhalb eines komplexen Systems spezifizieren und somit die Inferenzprozesse durchführen zu können[10].

$$Schnitt:\ C = A \cap B \rightarrow \mu_C(x) = min\{\mu_A(x), \mu_B(x)\}$$

$$Vereinigung:\ C = A \cup B \rightarrow \mu_C(x) = max\ \{\mu_A(x), \mu_B(x)\}$$

---

[6] Vgl. R. Kruse, Computational Intelligence – Eine methodische Einführung in Künstliche Neuronale Netze, Evolutionäre Algorithmen, Fuzzy-Systeme und Bayes-Netze, 2. Auflage, Springer Vieweg, 2011, S. 290

[7] Vgl. A. Nischwitz, Bildverarbeitung – Band II des Standardwerks Computergrafik und Bildverarbeitung, 4. Auflage, Springer Vieweg, 2020, S. 502

[8] Vgl. Z. A. Styczynski, Einführung in Expertensysteme – Grundlagen, Anwendungen und Beispiele aus der elektrischen Energieversorung, Springer Vieweg, 2017, S. 95

[9] Vgl. A. Nischwitz, Bildverarbeitung – Band II des Standardwerks Computergrafik und Bildverarbeitung, 4. Auflage, Springer Vieweg, 2020, S. 513

[10] Vgl. Z. A. Styczynski, Einführung in Expertensysteme – Grundlagen, Anwendungen und Beispiele aus der elektrischen Energieversorgung, Springer Vieweg, 2017, S. 98

$$\text{Komplement:}\ \ C = \overline{A}\ \rightarrow \mu_C(x) = 1 - \mu_A(x)$$

2.2. Anwendungen

Die häufigsten Einsatzbereiche von Fuzzy-Lösungen umfassen u.a. folgende Gebiete:

- Regelung
- Mustererkennung
- Spracherkennung
- Entscheidungsfindung
- Expertensysteme etc.[11]

Mustererkennung:
Mustererkennung ist die Fähigkeit, in einer Menge von Daten Regelmäßigkeiten, Wiederholungen, Ähnlichkeiten oder Gesetzmäßigkeiten zu erkennen[12].

Spracherkennung:
Die Spracherkennung beschäftigt sich mit der Untersuchung und Entwicklung von Verfahren, die Automaten, insbesondere Computern, die gesprochene Sprache der automatischen Datenerfassung zugänglich machen. So lassen sich beispielsweise aus Tonspuren durchsuchbare Transkripte erstellen[13].

Entscheidungsfindung und Expertensystem:
Eine der bekanntesten Verwendungsarten, die den Fuzzy-Methoden auch in Technik und Wirtschaft zum Durchbruch verhalf, ist freilich die „Fuzzyfizierung" von so genannten Expertensystemen[14].

Als Expertensystem wird ein Programm oder ein Softwaresystem bezeichnet, wenn es in der Lage ist, Lösungen für Probleme aus einem begrenzten Fachgebiet (Wissensdomäne) zu liefern, die von der Qualität her denen eines menschlichen Experten vergleichbar sind oder diese sogar übertreffen[15].

2.3. Fuzzy-Regelung

Die Regelungstechnik gehört zu den Grundlagenfächern der Ingenieurwissenschaften und befasst sich mit der selbsttätigen Regelung einzelner Arbeitsvorgänge sowie geschlossener Produktionsabläufe. Das Wesentliche einer Regelung besteht in einem Rückkopplungszweig, der dazu dient, die zu regelnde Größe (die Regelgröße) von Störeinflüssen unabhängig zu machen, sodass sie stets einen vorgegebenen Wert beibehält. In technischen Anlagen sind die zu regelnden Größen physikalischer Natur,

---

[11] Vgl. Z. A. Styczynski, Einführung in Expertensysteme – Grundlagen, Anwendungen und Beispiele aus der elektrischen Energieversorgung, Springer Vieweg, 2017, S. 122

[12] Vgl. https://de.wikipedia.org/wiki/Mustererkennung

[13] Vgl. https://de.wikipedia.org/wiki/Spracherkennung

[14] Vgl. C. Klüver, Modellierung komplexer Prozesse durch naturanaloge Verfahren – Künstliche Intelligenz und Künstliches Leben, 3. Auflage, Springer Vieweg, S. 270

[15] Vgl. Z. A. Styczynski, Einführung in Expertensysteme – Grundlagen, Anwendungen und Beispiele aus der elektrischen Energieversorgung, Springer Vieweg, 2017, S. 9

so z.B. Druck, Temperatur, Drehzahl, Durchfluss, Flüssigkeitsstand, Strom, Spannung usw.[16]

Der größte Erfolg von Fuzzy-Systemen im Bereich der industriellen und kommerziellen Anwendungen wurde zweifellos mit Fuzzy-Reglern (engl.: Fuzzy Controllers) erzielt. Die Fuzzy-Regelung bietet eine Möglichkeit, einen nicht-linearen tabellenbasierten Regler zu definieren, indem man seine nicht-lineare Übertragungsfunktion angibt, ohne jeden einzelnen Tabelleneintrag spezifizieren zu müssen. Fuzzy-Regler bestehen einfach aus einer Menge impräziser Regeln, die zu einer wissensbasierten Interpolation einer impräzise definierten Funktion benutzt werden können[17]. Bei der Fuzzy-Regelung handelt es sich um ein regelbasiertes Regelungsverfahren. Das heißt, das Verhalten eines Fuzzy-Reglers wird nicht durch ein mathematisches Regelgesetz, sondern durch verbale Regeln beschrieben[18].

Die Bausteine eines Fuzzy-Reglers sind in Abb. 1 gezeigt. Der aktuelle Wert e_{akt} der Regeldifferenz wird am Eingang des Fuzzy-Reglers zunächst „verunschärft". Der Regler wertet alle Regeln der Regelbasis für jeden linguistischen Wert der Regeldifferenz aus, d. h. er bestimmt den Erfüllungsgrad jeder Regel. Mithilfe logischer Operationen ermittelt der Regler danach die Fuzzy-Menge der Stellgrößen für jede Regel und bestimmt den daraus resultierenden unscharfen Wert der Stellgröße. Abschließend wird aus der unscharfen Stellgröße ein scharfer Wert der Stellgröße y_{akt} gebildet, mit dem eine Stelleinrichtung angesteuert werden kann[19].

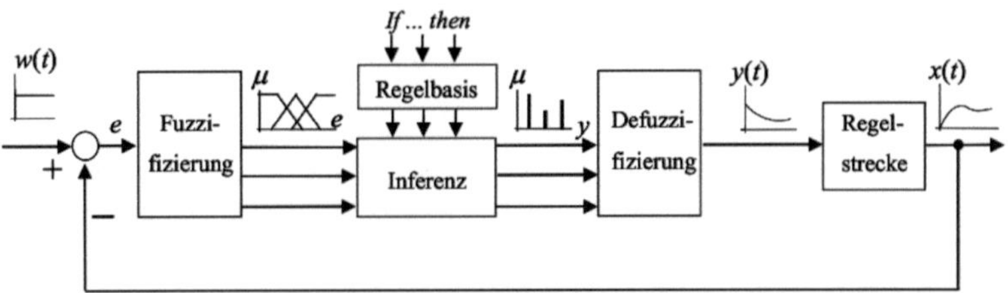

Abb. 1: Wirkungsplan eines Regelkreises mit einem Fuzzy-Regler

Im nachfolgenden Kapitel wird der Fuzzy-Regler anhand des Beispiels einer Klimaanlage detailliert erklärt, um den Lesern eine umfassende Vorstellung zu verleihen, wie ein Fuzzy-Regler funktioniert.

---

[16] Vgl. S. Zacher, Regelungstechnik für Ingenieure – Analyse, Simulation und Entwurf von Regelkreisen, 16. Auflage, Springer Vieweg, S. 1

[17] Vgl. R. Kruse, Computational Intelligence – Eine methodische Einführung in Künstliche Neuronale Netze, Evolutionäre Algorithmen, Fuzzy-Systeme und Bayes-Netze, 2. Auflage, Springer Vieweg, 2011, S. 347

[18] Vgl. D. Schröder, Intelligente Verfahren – Identifikation und Regelung nichtlinearer Systeme, 2. Auflage, Springer Vieweg, 2017, S. 841

[19] Vgl. S. Zacher, Regelungstechnik für Ingenieure – Analyse, Simulation und Entwurf von Regelkreisen, 16. Auflage, Springer Vieweg, S. 405

5

3. Fuzzy-Regler einer Klimaanlage

3.1. Beschreibung des Reglers

Ein gutes Beispiel für einen Fuzzy-Regler ist eine einfache Klimaanlage, die über eine Heizung und einen Ventilator die Innentemperatur eines Hauses steuert. Zwei einfache Regeln beschreiben das Regelverhalten dieses Regelkreises:

(1) Wenn die Regelabweichung $T_\Delta(Temperaturdifferenz) = T_S(Solltemperatur) - T(Raumtemperatur)$ positiv ist, dann schalte die Heizung ein, um das Haus zu heizen.

(2) Wenn die Regelabweichung $T_\Delta = T_S - T$ negativ ist, dann schalte den Ventilator ein, um das Haus zu kühlen.

Dementsprechend sind die drei Schritte der Lösungsmethodik vorhanden: Fuzzyfizierung, Inferenz und Defuzzyfizierung.

3.2. Fuzzyfizierung

Fuzzyfizierung bezeichnet eine Operation, bei welcher aus dem bekannten, scharfen Variableneingangswert die Zugehörigkeit zu einer bestimmten Fuzzy-Menge ermittelt wird[20].

Bei diesem ersten Schritt werden die Eingangsgrößen *Raumtemperatur T* , *Solltemperatur* T_s und *Temperaturdifferenz* T_Δ fuzzyfiziert. Der Regler wandelt dabei die scharfen Messwerte linguistischen Begriffen zu und definiert bestimmte Zugehörigkeiten zu den einzelnen Wertemengen. So kann die *Raumtemperatur T* den Mengen μ_{T-kalt}, $\mu_{T-kühl}$, μ_{T-warm} oder $\mu_{T-heiß}$ zugeordnet werden (wie in Abb. 2 gezeigt). Analog zur *Raumtemperatur T* können auch die *Solltemperatur* T_s und die *Temperaturdifferenz* T_Δ wie in Abb. 3 und Abb. 4 dargestellt zugeordnet werden.

Für die Eingangsgröße *Raumtemperatur T* ($°C$) ist die folgende Fuzzy-Menge hinterlegt:

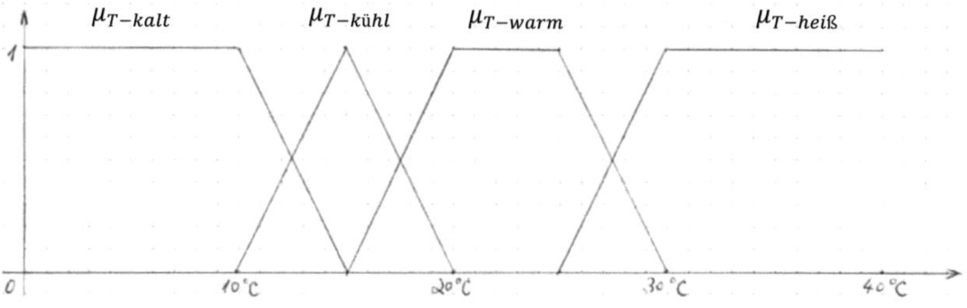

Abb. 2: *Raumtemperatur T* ($°C$)

---

[20] Vgl. Vgl. Z. A. Styczynski, Einführung in Expertensysteme – Grundlagen, Anwendungen und Beispiele aus der elektrischen Energieversorgung, Springer Vieweg, 2017, S. 114

Für die Eingangsgröße *Solltemperatur T_s* (°C) ist die folgende Fuzzy-Menge hinterlegt:

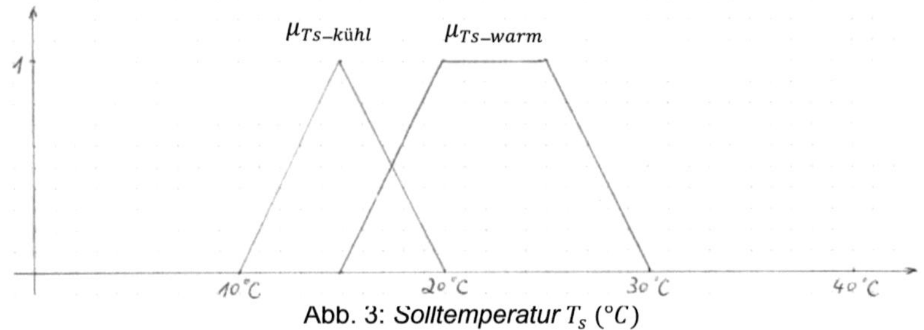

Abb. 3: *Solltemperatur T_s* (°C)

Die Regelung der Klimaanlage soll abhängig von der *Temperaturdifferenz T_Δ* gemäß dem folgenden Zugehörigkeitsdiagramm erfolgen:

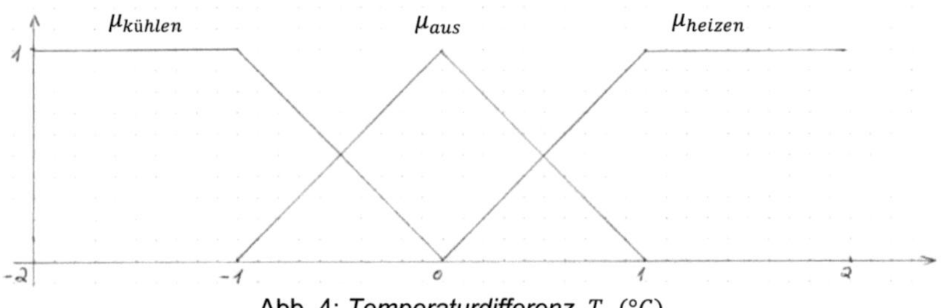

Abb. 4: *Temperaturdifferenz T_Δ* (°C)

3.3. Inferenz

Im zweiten Schritt werden die Regeln verarbeitet. Diese liegen häufig in „Wenn-Dann-Form" vor. Dieser Prozess der Regelverarbeitung heißt Fuzzy-Inferenz. Dabei bezieht man sich häufig auf die Schnittmengenbildung (UND-Verknüpfung) und auf die Bildung der Vereinigung von Fuzzy-Mengen (ODER-Verknüpfung). Dabei werden ebenfalls drei Schritte benötigt: **Aggregation, Implikation** und **Akkumulation**.

In unserem Beispiel können vier Regeln aufgestellt werden (aus platztechnischen Gründen wird auf die Fälle $T = kalt, T = heiß$ verzichtet):

- Wenn T *kühl* und T_s auch *kühl* ist, dann soll als T_Δ *Aus* gewählt werden;
- Wenn T *kühl*, T_s aber *warm* ist, dann soll als T_Δ *Heizen* gewählt werden;
- Wenn T *warm* und T_s auch *warm* ist, dann soll als T_Δ *Aus* gewählt werden;
- Wenn T *warm*, T_s aber *kühl* ist, dann soll als T_Δ *Kühlen* gewählt werden.

Die Regelmatrix lautet dementsprechend:

T/Ts	kühl	warm
kühl	Aus	Heizen
warm	Kühlen	Aus

Nehmen wir ein, die *Raumtemperatur* wäre 17,5 °C, das heißt $T = 17{,}5°C$, dann:

$$\mu_{T-kalt}(17{,}5°C) = 0;$$
$$\mu_{T-kühl}(17{,}5°C) = 0{,}5;$$
$$\mu_{T-warm}(17{,}5°C) = 0{,}5;$$
$$\mu_{T-heiß}(17{,}5°C) = 0.$$

Der Zugehörigkeitsvektor lautet:

$$\mu_T = \begin{pmatrix} 0 \\ 0{,}5 \\ 0{,}5 \\ 0 \end{pmatrix}$$

Wenn $T_s = 22°C$, dann:

$$\mu_{Ts-kühl}(22°C) = 0;$$
$$\mu_{Ts-warm}(22°C) = 1.$$

$$\mu_{Ts} = \begin{pmatrix} 0 \\ 1 \end{pmatrix}$$

Aggregation:

Die Aggregation ist die Ausführung aller UND-Verknüpfungen des WENN-Teils jeder Regel. In unserem Beispiel heißt es dann:

$$i = 1 = kühl;$$
$$j = 2 = warm.$$

$$V_{WENN(1,1)} = \mu_{T-kühl}(17{,}5°C) \wedge \mu_{Ts-kühl}(22°C) = m\{0{,}5; 0\} = 0$$
$$V_{WENN(1,2)} = \mu_{T-kühl}(17{,}5°C) \wedge \mu_{Ts-warm}(22°C) = m\{0{,}5; 1\} = 0{,}5$$
$$V_{WENN(2,2)} = \mu_{T-warm}(17{,}5°C) \wedge \mu_{Ts-warm}(22°C) = m\{0{,}5; 1\} = 0{,}5$$
$$V_{WENN(2,1)} = \mu_{T-warm}(17{,}5°C) \wedge \mu_{Ts-kühl}(22°C) = m\{0{,}5; 0\} = 0$$

Die zugehörige Erfüllungsmatrix lautet:

$$V_{WENN} = \begin{pmatrix} 0; 0{,}5 \\ 0; 0{,}5 \end{pmatrix}$$

Implikation:

Die Implikation ist die Auswertung der WENN-DANN-Regeln. Für unser Beispiel gilt dann:

$$\mu_{C^*1,1}(z) = \{V_{WENN(1,1)};\ \mu_{aus}(z)\} = \{0;\ \mu_{aus}(z)\}$$
$$\mu_{C^*1,2}(z) = \{V_{WENN(1,2)};\ \mu_{heizen}(z)\} = \{0{,}5;\ \mu_{heizen}(z)\}$$
$$\mu_{C^*2,2}(z) = \{V_{WENN(2,2)};\ \mu_{aus}(z)\} = \{0{,}5;\ \mu_{aus}(z)\}$$
$$\mu_{C^*2,1}(z) = \{V_{WENN(2,1)};\ \mu_{kühlen}(z)\} = \{0;\ \mu_{kühlen}(z)\}$$

Akkumulation:

Die Akkumulation ist die Überlagerung der Ergebnisse der Implikation. In unserem Beispiel ergibt sich daraus die in Abb. 5 gezeigte Fläche.

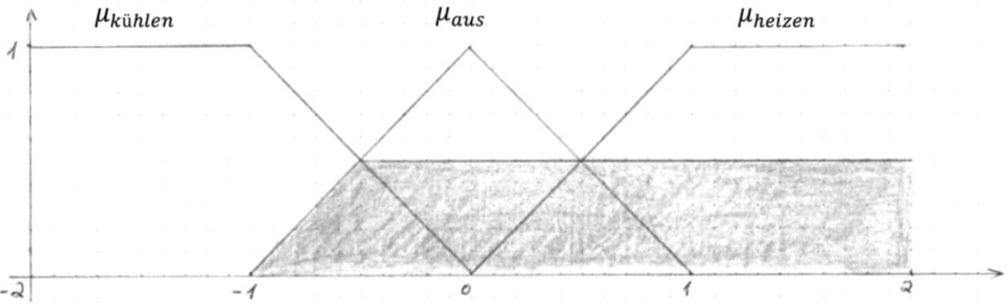

Abb. 5: Ergebnisfläche

Somit lässt sich zusammenfassen, dass die Entscheidungslogik, die für den Inferenzprozess verantwortlich ist, den Kern eines Fuzzy-Logik-basierten Systems darstellt[21].

3.4. Defuzzyfizierung

Im dritten Schritt wird das Fuzzy-Ergebnis in ein scharfes Ergebnis umgewandelt. Dieser Prozess wird Defuzzyfizierung genannt. Es gibt diverse Möglichkeiten für die Umsetzung der Defuzzyfizierung. Aber aus platztechnischen Gründen wird in der vorliegenden Arbeit nur die am häufigsten eingesetzte Methode – die Schwerpunktmethode – verwendet.

Bei der Schwerpunktmethode wird der Schwerpunkt der Ergebnisfläche ermittelt und auf die Abszisse projiziert. Der Abszissenwert wird in der Regel durch Berechnen des Integrals berechnet. Oft kann das Ergebnis allerdings einfacher durch eine geometrische Betrachtung gewonnen werden, wie in dem in Abb. 6 gezeigten Beispiel.

---

[21] Vgl. Z. A. Styczynski, Einführung in Expertensysteme – Grundlagen, Anwendungen und Beispiele aus der elektrischen Energieversorgung, Springer Vieweg, 2017, S. 119

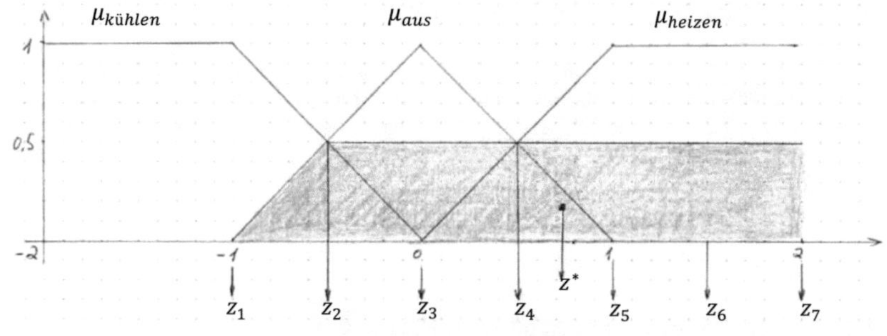

Abb. 6: Schwerpunkt der Fläche

Diese Ergebnisfläche kann durchgängig homogen auf sechs Teilflächen verteilt werden, die jeweils einen z-Wert und einen μ-Wert besitzen. Dann gilt:

$z_1 = -1;\ z_2 = -0{,}5; z_3 = 0;\ z_4 = 0{,}5; z = 1; z_6 = 1{,}5; z_7 = 2$

$\mu_1 = 0;\ \mu_2 = \mu_3 = \mu_4 = \mu_5 = \mu_6 = \mu_7 = 0{,}5$

$$\mu_{C^*}(z) = \frac{(-1)*0 + (-0{,}5)*0{,}5 + 0*0{,}5 + 0{,}5*0{,}5 + 1*0{,}5 + 1{,}5*0{,}5 + 2*0{,}5}{0 + 0{,}5 + 0{,}5 + 0{,}5 + 0{,}5 + 0{,}5 + 0{,}5}$$

$$=0{,}75$$

Das bedeutet, dass, wenn die *Raumtemperatur 17,5 °C* beträgt und die *Solltemperatur 22 °C*, der Regler der Klimaanalage auf *0,75 (leichtes Heizen)* gestellt werden soll.

4. Vor- und Nachteile der Fuzzy-Regelung

4.1. Vorteile

Der wichtigste Vorteil der Fuzzy-Logik für die Regelungstechnik besteht darin, dass man die Regelalgorithmen anhand von Analogien mit menschlichem Verhalten ohne mathematische Modelle auch für Strecken mit zwei Stellgrößen oder für Mehrgrößenregelung entwerfen kann. Ein Fuzzy-Regler hat eine nicht-lineare statische Kennlinie, sodass im Gegensatz zu Standardreglern eine schnelle Regelung ohne Überschwingungen möglich ist[22].

Einer der weiteren großen Vorteile der Fuzzy-Logik ist aber auch, dass bei der Umsetzung auf allgemeinverständlichen „Wenn-Dann-Regeln" aufgebaut wird. Dadurch wird auch Funktionstransparenz bei der Ergebnisinterpretation erreicht. Dies ist insbesondere bei sicherheitsrelevanten Systemen von Vorteil[23].

---

[22] Vgl. S. Zacher, Regelungstechnik für Ingenieure – Analyse, Simulation und Entwurf von Regelkreisen, 16. Auflage, Springer Vieweg, S. 412

[23] Vgl. Z. A. Styczynski, Einführung in Expertensysteme – Grundlagen, Anwendungen und Beispiele aus der elektrischen Energieversorgung, Springer Vieweg, 2017, S. 93

Zusammengefasst besitzt die in den vorangegangenen Kapiteln dargestellte Fuzzy-Regelung mehrere vorteilhafte Eigenschaften:

- Die Fuzzy-Regelung ist einfach, schnell und kostengünstig zu realisieren.
- Sie ist auch für komplexere Systeme gut geeignet und aussagekräftig.
- Der Entwurf basiert auf einfach formulierbaren Regeln, die aus dem menschlichen Erfahrungswissen resultieren. Es wird kein Prozessmodell benötigt.
- Bei Bedarf kann die Regelung problemlos verändert oder angepasst werden.

4.2. Nachteile

Natürlich hat die Fuzzy-Regelung auch Nachteile. Ein nicht zu vernachlässigender Nachteil ist, dass die Regler nicht lernfähig sind und sich nicht automatisch an eine sich verändernde Umgebung anpassen können. Außerdem ist die Defuzzyfizierung, bei der die unscharfen Werte in scharfe Stellgrößen umgewandelt werden, in der Praxis nicht immer trivial[24].

Im Großen und Ganzen steht daher auch eine Reihe von Nachteilen den vorhin erwähnten Vorteilen gegenüber[25]:

- Es existieren keine standardisierten Entwurfsverfahren.
- Die Optimierung von Fuzzy-Reglern erfolgt durch Probieren und ist aufgrund der Vielzahl von Einflussmöglichkeiten zeitaufwendig.
- Da Fuzzy-Regler nicht-linear sind, ist ihre mathematische Behandlung (z.B. Stabilitätsuntersuchung) schwierig.
- Fuzzy-Regler benötigen einen relativ hohen Rechenaufwand.

5. Fazit

Seit die Fuzzy-Logik durch Lofti Asker Zadeh in den 1960er Jahren ins Leben gerufen wurde, haben sich die Fuzzy-Lösungsansätze stets weiterentwickelt. Heutzutage ist die Fuzzy-Methode als eine einfache und schnelle Lösungsalternative nicht mehr wegzudenken. Ihr Einsatz macht besonders dann Sinn, wenn die Eingangsgrößen an menschlichen Alltagsformulierungen angelehnt sind, die nicht ohne weiteres durch mathematische zweiwertige Eindeutigkeit darstellbar sind. Aus diesem Grund eröffnet die Fuzzy-Lösung Ingenieuren eine komplett neue Welt.

Außerdem besteht ein vielversprechendes Anwendungskonzept von Fuzzy-Reglern in ihrer Kombination mit anderen Techniken aus dem Bereich der neuronalen Netze. Es gibt eine Vielzahl solcher Kombinationsansätze, die als hybride Fuzzy-Systeme bezeichnet werden. Ihr Ziel besteht in der Feinabstimmung oder Verbesserung von Fuzzy-Reglern und -Regeln durch die Optimierung geeigneter Zielfunktionen[26].

---

[24] Vgl. *https://www.heizung-steuern.com/de/de/fuzzy-regler/*

[25] Vgl. D. Schröder, Intelligente Verfahren – Identifikation und Regelung nichtlinearer Systeme, 2. Auflage, Springer Vieweg, 2017, S. 841

[26] Vgl. R. Kruse, Computational Intelligence – Eine methodische Einführung in Künstliche Neuronale Netze, Evolutionäre Algorithmen, Fuzzy-Systeme und Bayes-Netze, 2. Auflage, Springer Vieweg, 2011, S. 369

11

Die Fuzzy-Regelung ist ein sehr gutes Beispiel für Bereiche, wo sich der Fuzzy-Lösungsansatz anwenden lässt. Aber die Nutzung der Fuzzy-Methode beschränkt sich nicht allein auf die Regelungstechnik, sondern kann auch sehr gut für andere Anwendungen wie Mustererkennung oder Expertensysteme verwendet werden.

Fuzzy-Lösungen verleihen den Technikern zwar eine Reihe ganz neuer Möglichkeiten, mit denen sich Probleme oft sehr einfach und schnell lösen lassen. Allerdings stoßen Fuzzy-Lösungen manchmal auch an ihren Grenzen. Wollte man Reglungssysteme vollständig automatisieren, müsste man immer noch weiter versuchen, das mathematische Streckenmodell zu verstehen und anzuwenden. Ob sich das Ziel stattdessen mithilfe von neuronalen Netzen bzw. sogenannten hybriden Fuzzy-Systemen erreichen lässt, bedarf weiterer Untersuchungen.

6. Literaturverzeichnis

A. Nischwitz, M. Fischer, P. Haberäcker, G. Socher, Bildverarbeitung – Band II des Standardwerks Computergrafik und Bildverarbeitung, 4. Auflage, Springer Vieweg, 2020

C. Klüver, J. Klüver, J. Schmidt, Modellierung komplexer Prozesse durch naturanaloge Verfahren – Künstliche Intelligenz und Künstliches Leben, 3. Auflage, Springer Vieweg

D. Schröder, M. Buss, Intelligente Verfahren – Identifikation und Regelung nichtlinearer Systeme, 2. Auflage, Springer Vieweg, 2017

J. Adamy, Nichtlineare Systeme und Regelungen, 3. Auflage, Springer Vieweg, 2018

K. Mainzer, Künstliche Intelligenz – Wann übernehmen die Maschinen? Springer, 2019

K. Mainzer, R. Kahle, Grenzen der KI – theoretisch, praktisch, ethisch – Springer, 2022

R. Kruse, C. Borgelt, C. Braune, F. Klawonn, C. Moewes, M. Steinbrecher, Computational Intelligence – Eine methodische Einführung in Künstliche Neuronale Netze, Evolutionäre Algorithmen, Fuzzy-Systeme und Bayes-Netze, 2. Auflage, Springer Vieweg, 2011

S. Zacher, M. Reuter, Regelungstechnik für Ingenieure – Analyse, Simulation und Entwurf von Regelkreisen, 16. Auflage, Springer Vieweg

Z. A. Styczynski, K. Rudion, A. Naumann, Einführung in Expertensysteme – Grundlagen, Anwendungen und Beispiele aus der elektrischen Energieversorgung, Springer Vieweg, 2017